Andreas Wölke

Exkursionsführer zur Geologie Thüringens

Ein Querschnitt von Nord bis Süd

Wölke, Andreas: Exkursionsführer zur Geologie Thüringens: Ein Querschnitt von Nord bis Süd. Hamburg, Bachelor + Master Publishing 2014
Originaltitel der Arbeit: Einführung in die Geologie Thüringens. Ein Querschnitt: Exkursionsführer

Buch-ISBN: 978-3-95684-382-2
PDF-eBook-ISBN: 978-3-95684-882-7
Druck/Herstellung: Bachelor + Master Publishing, Hamburg, 2014
Coverbild: pixabay.com
Zugl. Friedrich-Schiller-Universität Jena, Jena, Deutschland, Studienarbeit, November 2007

Bibliografische Information der Deutschen Nationalbibliothek:
Die Deutsche Nationalbibliothek verzeichnet diese Publikation in der Deutschen Nationalbibliografie; detaillierte bibliografische Daten sind im Internet über http://dnb.d-nb.de abrufbar.

Das Werk einschließlich aller seiner Teile ist urheberrechtlich geschützt. Jede Verwertung außerhalb der Grenzen des Urheberrechtsgesetzes ist ohne Zustimmung des Verlages unzulässig und strafbar. Dies gilt insbesondere für Vervielfältigungen, Übersetzungen, Mikroverfilmungen und die Einspeicherung und Bearbeitung in elektronischen Systemen.

Die Wiedergabe von Gebrauchsnamen, Handelsnamen, Warenbezeichnungen usw. in diesem Werk berechtigt auch ohne besondere Kennzeichnung nicht zu der Annahme, dass solche Namen im Sinne der Warenzeichen- und Markenschutz-Gesetzgebung als frei zu betrachten wären und daher von jedermann benutzt werden dürften.

Die Informationen in diesem Werk wurden mit Sorgfalt erarbeitet. Dennoch können Fehler nicht vollständig ausgeschlossen werden und die Diplomica Verlag GmbH, die Autoren oder Übersetzer übernehmen keine juristische Verantwortung oder irgendeine Haftung für evtl. verbliebene fehlerhafte Angaben und deren Folgen.

Alle Rechte vorbehalten

© Bachelor + Master Publishing, Imprint der Diplomica Verlag GmbH
Hermannstal 119k, 22119 Hamburg
http://www.diplomica-verlag.de, Hamburg 2014
Printed in Germany

Inhalt

1. Einleitung ... 3
2. Thüringer Schiefergebirge ... 3
   - 2.1. Der Bohlen, Saalfeld/ Obernitz ... 4
   - 2.2. Griffelschieferbruch am Brand, Spechtsbrunn ... 5
   - 2.3. Straßenböschung bei Spechtsbrunn ... 6
   - 2.4. Waldparkplatz Tannenglück, L1150 zwischen Spechtsbrunn u. Gräfenthal ... 7
   - 2.5. Das Kieferle, B281 zwischen Neuhaus a.R. u. Steinheid ... 7
   - 2.6. Steinbruch am Sandberg, B281 zwischen Neuhaus a.R. u. Steinheid ... 8
   - 2.7. Pumpspeicherwerk Goldisthal ... 9
3. Zweiter Tag: Thüringer Wald ... 9
   - 3.1. Kammerberger Stollen, Manebach ... 10
   - 3.2. Steinbruch Schmalwassergrund, Tambach – Dietharz ... 11
   - 3.3. Marderbachgrund, Tambach – Dietharz ... 12
   - 3.4. Steinbruch Lucy, Tambach – Dietharz ... 13
   - 3.5. „Teufelsstein" am hinteren Feldstein bei Themar ... 14
4. Dritter Tag: Thüringer Senke und Kyffhäuser ... 14
   - 4.1. „bad lands" an der Wachsenburg ... 15
   - 4.2. Oberkirche, Bad Frankenhausen ... 16
   - 4.3. Streuobstweg, Bad Frankenhausen ... 16
   - 4.4. Kleines Kalktal, Bad Frankenhausen ... 17
   - 4.5. Kyffhäuser ... 17
     - 4.5.1. Unterhalb der Burg Kyffhausen ... 17
     - 4.5.2. Unterburg Kyffhausen ... 18
     - 4.5.3. Steinbruch zwischen Unter- u. Oberburg ... 18
5. Vierter Tag: Harz ... 19
   - 5.1. Gasthaus Königsruhe im Bodetal ... 19
   - 5.2. Bodekessel im Bodetal ... 20
   - 5.3. Kontaktzone Ramberg-Granit zu Wissensbacher Schiefer ... 20
   - 5.4. Felsen an der Rosstrappe ... 21
   - 5.5. Weganschnitt zwischen Rosstrappe und Parkplatz ... 22
   - 5.6. Bodetal bei Treseburg ... 22
   - 5.7. Steinbruch Garkenholz, B27 zwischen Hüttenrode u. Rübeland ... 23
   - 5.8. Straßenaufschluss bei Neuwerk ... 23
   - 5.9. Der Krockstein bei Neuwerk ... 24

- 5.10. Volkmarskeller bei Blankenburg (Harz) 24
- 5.11. Felsklippen unterhalb Volkmarskeller 25
6. Fünfter Tag: Harzvorland 26
   - 6.1. Bahneinschnitt Thale 26
   - 6.2. Ziegenberg bei Benzingerode 27
   - 6.3.1. Der Hannig zwischen Heimburg u. Michaelstein 27
   - 6.3.2. Straßenanschnitt Teufelsbachtal 28
   - 6.4. Teufelsmauer bei Weddersleben 29
7. Literatur 31

1. Einleitung

Diese Anfängerexkursion gibt eine Einführung in die Gesteine und geologischen Strukturen Thüringens. Dabei wird auf die Gesteinsansprache Wert gelegt und versucht aus dieser auf die Entstehungsgeschichte zu schließen. Ebenso werden die beschriebenen Einheiten in einen zeitlichen und räumlichen Zusammenhang zu regionalen Ereignissen gestellt.

2. Thüringer Schiefergebirge

„Das zwischen dem Thüringer Wald im Westen und dem Erzgebirge im Osten liegende Thüringisch- Vogtländische Schiefergebirge ist gegen seine Umgebung nur an wenigen Stellen als eine eigenständige Erdkrustenscholle abgesetzt. Insgesamt ist es eine im Süden stärker angehobene Tafel, die flach nach Nordwest geneigt ist, nach Süden aber ohne geologische Grenze in den Frankenwald und das Fichtelgebirge übergeht.

Der Untergrund des Schiefergebirges besteht aus den sandig-tonigen Sedimenten des Präkambriums, Kambriums, Ordoviziums, Silurs, Devons und Unterkarbons, denen einige Kalksteinzonen und - besonders im Devon - Diabase als untermeerische Lavaergüsse eingeschaltet sind. Nach Gestein und Versteinerungen ist die Schichtfolge recht differenziert gegliedert. Diese insgesamt einige Kilometer mächtige Schichtfolge ist besonders im Zuge der Variszischen Gebirgsbildung

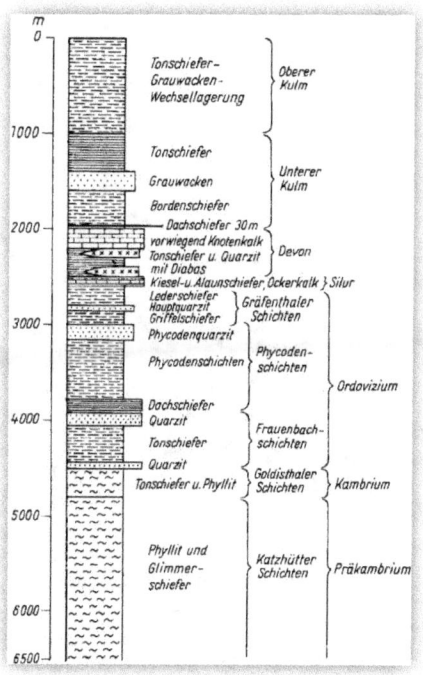

Abbildung 1: Schichtenfolge des Thüringisch- Vogtländischen Schiefergebirges (WAGENBRETH/ STEINER 1990)

zu mehreren Sätteln und Mulden gefaltet worden, die im Oberkarbon und Rotliegenden als Höhenrücken und Talniederungen hier das Landschaftsbild bestimmt haben. Von West nach Ost folgt aufeinander der Schwarzburger Sattel, die Ziegenrücker Mulde, der Bergaer Sattel und die Vogtländische Mulde." (WAGENBRETH/ STEINER 1990)
In den folgenden Aufschlüssen werden ausgewählte Einheiten näher beschrieben.

2.1. Der Bohlen, Saalfeld/ Obernitz

Diese Aufschlusswand ist ca. 800m breit und 100m hoch. Zu sehen ist hier die Zechstein-Diskordanz, deformierte oberdevonische Schichten werden diskordant von Schichten des Zechsteins und zum Teil vom Rotliegenden überlagert.

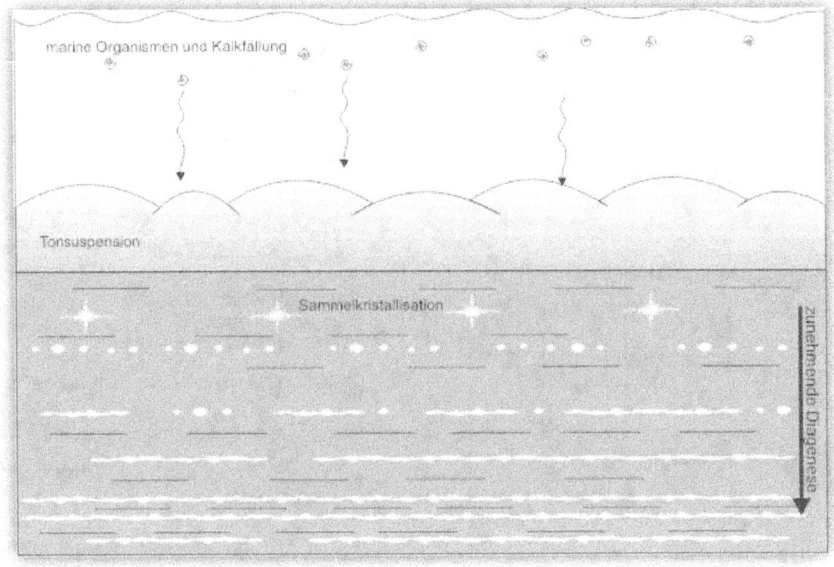

Abbildung 2: Knotenkalkentstehung (schematisch)

Die Gesteinsansprache wurde im südlichen Teil der Wand durchgeführt, im sog. Plattenbruch. Es ist eine Wechsellagerung von Tonschiefer und Knotenkalken zu sehen. Die Karbonatanteile der Knotenkalke variiert, sodass im unterschiedlichen Maße Schichten mit Kalkknollen bis hin zu Kalksteinlagen auftreten. Im Bereich des Plattenbruchs ist überwiegend der kleinknotige Kalk anzutreffen. Weiter südlich im Profil jünger werdend wird, mit abnehmendem Kalkgehalt, der großknotige Kalk vorherrschend. Diese Schichten sind fossilreich. Am häufigsten sind Ammoniten (Goniatiden), Ostracoden und Trilobiten.

Diese Knotenkalke wurden im Oberdevon als Mergelschlamm abgelagert (siehe Abb.1) und zwar im marinen Bereich in einer ungefähren Wassertiefe von größer 200m, d.h. unterhalb der Sturmwellenbasis, da keine Sturmsedimente (Tempestite) auftreten. Der Ton wurde klastisch eingetragen und unter Stillwasserbedingungen abgelagert. Durch absterbende marine Organismen bzw. Kalkfällung bildete sich am Meeresboden dieses Ton–Kalk–Gemisch, der Mergelschlamm. Durch Sammelkristallisation während der Diagenese entstanden zunächst Knollen, die je nach Kalkgehalt der Sedimentschicht bis zu Zentimetermächtigen Lagen anschwellen können (Abb.2). Die erkennbare Zyklizität in der Wechsellagerung könnte auf Milanković-Zyklen zurück zu führen sein.

2.2. Griffelschieferbruch am Brand, Spechtsbrunn

Der Steinbruch liegt ca. 2km westlich der Ortschaft Spechtsbrunn. Der anstehende Tonschiefer gehört in die stratigraphische Einheit des Griffelschiefers / Ordovizium

Abbildung 3: Überlagerung mehrerer Schieferungen im Tonschiefer, Bildausschnitt ca. 6m

(siehe Abb.1). Er ist samtschwarz und enthält kaum Quarz. Röhrenartige Strukturen gefüllt mit Pyrit und andere Lebensspuren weisen auf biologische Aktivität im noch unverfestigtem pelagischen Sediment hin. Ebenso wurden ca. 100 Trilobitenfunde gemacht. Es ist keine Schichtung erkennbar, jedoch treten deutlich mehrere Schieferungsrichtungen hervor (Abb.3). Aufgrund der Schieferung und des geringen Quarzgehaltes wurde dieser Tonschiefer zur Griffelherstellung abgebaut. Die Farbe des Gesteins lässt sich auf den relativ hohen Eisenanteil zurück führen. Durch eine niedrige Metamorphose (Grünschieferfazies) wurden Tonminerale zu Sericit und einem eisenreichen Chlorit umgewandelt. Daraus lassen sich eine Temperatur von ca. 290 – 300°C und eine Versenkungstiefe des Gesteins von ca. 15km ableiten.

2.3. Straßenböschung bei Spechtsbrunn

Dieser Aufschluss befindet sich am Ortsausgang Spechtsbrunn Richtung Oberland am Rennsteig. Durch den Straßenbau wurde hier ein Tonschiefer mit Geröllen (Diamiktit) aufgeschlossen. Er stellt eine stratigraphisch jüngere Einheit (Ordovizium/ Ashgill) als der Griffelschiefer dar und wird als Lederschiefer bezeichnet (siehe Abb.1). Den Namen erhielt dieses Gestein aufgrund seiner Verwitterungsfarben. Der Tonschiefer hat einen hohen Sandanteil und enthält viel klastisch eingetragenen Glimmer. Die Sandkörner weisen eine schlechte Sortierung auf und sind eckig. Auf den Oberflächen der Schieferplatten ist häufig eine Netzstruktur zu sehen. Dies

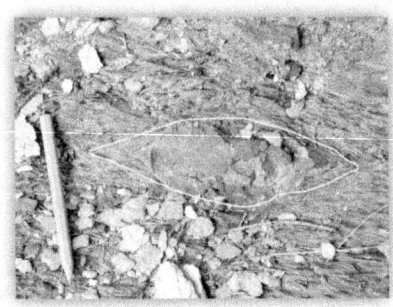

Abbildung 4: Kalksteingeröll im Lederschiefer

ist auf Phosphorit zurück zu führen. Aufgrund des starken klastischen Eintrags und somit Nährstoffreichtums konnte eine hohe Bioaktivität stattfinden, die den hohen Phosphorgehalt im Sediment bedingt. Die Gerölle bestehen überwiegend aus Kalk- und Sandstein aber auch aus Granit, Rhyolith und Gneis. Durch die Kompression während der Diagenese und der Faltung des Gesteins wurden sie zu einer linsenförmigen Gestalt deformiert (Abb.4). Die Schieferung passt sich dieser Form an.

Der Tonschiefer wurde ursprünglich pelagisch abgelagert. Somit stellt sich die Frage wie Sand und Gerölle in diesen Ablagerungsraum transportiert werden können. Die Antwort liegt in der Paläogeographie. Zur Zeit des oberen Ordoviziums lag dieser Teil Thüringens auf der Südhalbkugel. Durch Belege aus entlegenen Wüstengegenden Nordafrikas weis man seit den siebziger Jahren, dass es zu einer ausgedehnten Vereisung Gondwanas zu dieser Zeit gekommen war (STANLEY 1994). Die sand- und geröllführenden Gletscher Westafrikas mündeten im Meer und kalbten. Die abdriftenden Eisberge verloren während des Abschmelzens ihren mitgeführten Schutt (dropstones), sodass pelagischer Ton und Geröll gleichzeitig zur Ablagerung kamen. Somit ist der Lederschiefer ein glaziomarines Sediment.

2.4. Waldparkplatz Tannenglück, L1150 zwischen Spechtsbrunn u. Gräfenthal

Dieser ehemalige Steinbruch diente der Dachschiefergewinnung. Daher der Name der stratigraphischen Einheit: Dachschiefer. Er wurde zur Zeit des unteren Karbons gebildet und folgt stratigraphisch den Knotenkalken der Bohlenwand.

Zu sehen sind schwarze Tonschiefer, die nach den Schieferungsflächen brechen. Prinzipiell ist ein Trend im Profil vom Liegenden ins Hangende zu sehen. Im Liegenden (nordöstlicher Teil des Bruches) steht ein homogener reiner Tonschiefer an mit nur einer deutlich ausgeprägten Schieferungsrichtung. Teilweise wird die Schichtung Pyritkonkretionen nachgezeichnet. Weiter ins Hangende (südwestlicher Teil) nimmt der Anteil an gröberen Korngrößen zu. Es treten zunehmend mehr litharenitische Sandsteinbänke auf. Ebenso ist eine zweite Schieferungsrichtung zu sehen, was zur sog. Runzelung führt.

In dieser Abfolge ist gut der zunehmende Einfluss des entstehenden variszischen Orogens zu sehen. Die konstante Abfolge der pelagischen Tone wird immer häufiger durch distale Turbidite (Trübeströme des Schelfhanges) gestört. Durch die Hebung des variszischen Orogens wird mehr klastisches Material in das Meer eingetragen und führt häufiger zu Trübestromablagerungen. Später wurden diese Sedimentabfolgen durch regionale Tektonik in z.T. isoklinalen Falten gelegt.

2.5. Das Kieferle, B281 zwischen Neuhaus a.R. u. Steinheid

Das Kieferle bei Steinheid (Landkreis Sonneberg) ist der zweithöchste Berg (867 m) im Thüringer Schiefergebirge. Der Aufschluss ist ein alter Steinbruch direkt an der Straße zwischen Neuhaus a.R. und Steinheid. Zu sehen ist eine horizontal geschichtete Wechsellagerung aus Quarzit und Tonschiefer, die im unteren Ordovizium (Tremadoc) gebildet wurde. Dies ist der sog. Obere Frauenbach-Quarzit (siehe Abb.1).

Abbildung 5: Steinbruch am Kieferle

Die Quarzitbänke variieren in der Mächtigkeit zwischen 0,5 – 2m. Dieser ehemalige mittelkörnige Sandstein wurde durch Diagenese und Tektonik stark kompaktiert. Er weist keinen Porenraum mehr auf. Der Quarzit ist hell- bis mittelgrau und besteht hauptsächlich aus Quarz. Im oberen Teil der Bänke ist teilweise eine Laminierung erkennbar. Diese Quarzitbänke sind ehemalige Schelfsande, die durch Stürme umgewälzt wurden. Die Laminierung deutet auf Flachwasser hin. Der Schiefer ist durch Hämatit rotgefärbt und weist unterschiedliche Abstände der Schieferungsflächen auf. Im obersten Teil des Profils wurden Brachiopodenfunde gemacht. Es treten ebenso zwei Generationen von hydrothermalen Gängen auf, welche Nord-Süd streichen. Eine Generation enthält neben Quarz noch Arsenopyrit, Hämatit und Gold, was Seifengoldfunde im geringen Maße in dieser Gegend ermöglicht. Die Goldanreicherung spricht für Küstensande. Das Gold stammt vom präkambrischen Schild Afrikas, es wurde gelöst und feinverteilt in den Schelfsanden als Schwermineral ausgefällt. Durch die niedrige Metamorphose des Quarzits wurde es durch Fluide nochmals gelöst und in den Quarzgängen angereichert.

2.6. Steinbruch am Sandberg, B281 zwischen Neuhaus a.R. u. Steinheid

Circa 400m nordwestlich des Aufschlusses 2.5. befindet sich dieser Aufschluss. Hier ist unterer Buntsandstein aufgeschlossen.

Dieser konglomeratische Sandstein ist grobkörnig, schlecht sortiert und die Körner sind angerundet. Er enthält Gerölle bis ca. 5cm Größe. Der Zement besteht aus Quarz und Kaolin, welches aus verwitterten Feldspäten stammt. Die Zusammensetzung und die Korngröße sprechen für eine relativ nahe Lage zum Liefergebiet.

Das an dieser Stelle Buntsandstein zu finden ist, weist darauf hin, dass die Hebung des Thüringer Waldes erst nach dem Buntsandstein stattgefunden hat. Die Erhaltung dieser Einheit ist dem Scheiber Graben geschuldet. Dieser Halbgraben, in dem sich dieser

Sandstein befindet, hat diese Einheit vor der Erosion bewahrt. Vergleicht man das Höhenniveau des Buntsandsteins hier mit dem im Vorland des Thüringer Waldes so erhält man einen Mindestversatz von ca. 1000m. Ein absoluter Betrag kann nicht angegeben werden, da die Grabentiefe des Scheiber Grabens nicht mehr rekonstruierbar ist.

2.7. Pumpspeicherwerk Goldisthal

Das Pumpspeicherwerk Goldisthal ist mit einer Leistung von 1060 MW als das modernste und größte Kraftwerk seiner Art im Jahre 2003 nach 6-jähriger Bauzeit in Betrieb gegangen. Die Ursprünge des Projektes gehen bis in die 70er-Jahre zurück. Ein Großteil der über 10 km langen Erkundungsstollen wurde zwischen 1980 und 1990 also noch zu alten DDR-Zeiten aufgefahren. Das Grundkonzept für dieses Pumpspeicherwerk wurde auch nach der Wende nicht wesentlich verändert (WALTER BAU-AG). Das künstlich angelegte, umgehbare Oberbecken befindet sich in einer Höhe von etwa 880 m ü. NN auf der Moosbergebene am Großen Farmdenkopf und fasst ein Nutzvolumen von ca. 12 Mio. m³ Wasser bei einer Fläche von 55 ha. Diese Wassermenge reicht für acht Stunden Turbinen-Volllastbetrieb und könnte dabei den Freistaat Thüringen allein versorgen. Um dieses Becken zu schaffen, wurde der Berggipfel abgetragen. (Wikipedia)

3. Zweiter Tag: Thüringer Wald

„Der Thüringer Wald ist ein NW-SO-gestrecktes Horstgebirge, ein zwischen zwei Verwerfungen liegender, in der Kreidezeit und im Tertiär emporgehobener Span der Erdkruste. Sein innerer Aufbau offenbart eine komplizierte Erdgeschichte.
Im Oberkarbon waren alle zuvor entstandenen Gesteine zu dem Variszischen Gebirge aufgefaltet worden, dessen Falten in SW-NO-Richtung gestreckt waren. Im Bereich des heutigen Thüringer Waldes waren dies von Südost nach Nordwest der Schwarzburger Sattel, die Oberhöfer Mulde, der Ruhlaer Sattel und die Eisenacher Mulde. [...] In die gefalteten Gesteine waren stellenweise auch Gesteinsschmelzen eingedrungen, die nun in erstarrter Form als Granit vorliegen. Im Oberkarbon/ Perm wurden die Sättel abgetragen und die Mulden mit dem Verwitterungsschutt aufgefüllt. Vulkane belebten

das Landschaftsbild. Der in Jahrmillionen angehäufte Verwitterungsschutt und die vulkanischen Lavagesteine und Tuffe bilden eine mehrere hundert Meter mächtige, regional vielfältig und unterschiedlich gegliederte Schichtenfolge.

Nach der weitgehenden Abtragung des Variszischen Gebirges am Ende des Rotliegenden senkte sich ganz Mitteleuropa und wurde vom Meer überflutet. Es begann eine neue Sedimentation, die den Untergrund mit den mehrere hundert Meter mächtigen, im Meer bzw. auf dem Festland gebildeten Schichten des Zechsteins, Buntsandsteins, Muschelkalks und Keupers bedeckte. Die aus dem nördlichen und südlichen Vorland bekannten Bodenschätze Kupferschiefer und Steinsalz, vielleicht auch die Kalisalze sowie der Muschelkalk lagerten einst also auch im Gebiet des heutigen Thüringer Waldes.

In mehreren Hebungsphasen während der Kreidezeit und des Tertiärs wurde der heutige Thüringer Wald als Horstscholle zwischen den Verwerfungszonen an seinen Grenzen in Nordost und Südwest um einige hundert Meter herausgehoben, auf ihm die jüngeren Schichten abgetragen und damit das variszisch gefaltete Grundgebirge wieder freigelegt." (WAGENBRETH/ STEINER 1990)

3.1. Kammerberger Stollen, Manebach

Der Aufschluss befindet sich am Ortsausgang Richtung Meyersgrund an der B4. Zu sehen ist der Ausstrich der oberen Manebacher Schichten (Unterrotliegendes). Er besteht aus einer Wechsellagerung von überwiegend Tonstein, Sandbänkchen und Feinkonglomeratlagen und Steinkohleflözchen.

Der Tonstein ist dunkelgrau und teilweise laminiert. Zwischen sandigen Lagen und dem Tonstein ist ein gleichmäßiger Übergang. Mit zunehmendem Sandanteil steigt auch der Glimmergehalt. Die Sandsteine sind grau z.T. weiß und weisen innerhalb der einzelnen Lagen eine gute Sortierung auf. Es sind Fein- bis Grobsande vertreten. Die überwiegend aus Quarz, Lithoklasten und untergeordnet Feldspat bestehenden Körner sind zumeist angerundet. Die Sandsteine sind quarzitisch zementiert, jedoch noch porös.

Vor allem die Kohleflöze sind sehr fossilreich, so können Farnblätter (*Pecopteris*, *Callipteris*), Schachtelhalmstämme (*Calamites*) und –blätter (*Annularia*), *Cordaites*, die erste Süßwassermuschel, *Anthracosia* und *Arthropleura*, der längste Gliederfüßer der Erdgeschichte gefunden werden. Die einzelnen Schichten lassen sich nur wenige Meter verfolgen und keilen aus.

Diese Sedimente wurden im terrestrischen Milieu gebildet, genauer in einem mäandrierenden Flusssystem. Die Fossilien konnten erhalten werden, da sie bei Überflutungsereignissen schnell zugedeckt und so dem völligen Abbau entzogen wurden. Die Kohle hat sich wahrscheinlich in Altwassern, den abgeschnittenen Mäandern des Flusses gebildet. Dort konnte bei ausreichend hohem Grundwasserspiegel eine Vermoorung eintreten, sodass Pflanzenmaterial nach dem Absterben unter Luftabschluss geriet. Diese Altwasser wurden bei Überflutung auch immer wieder mit Toneintrag versorgt, was den hohen Ascheanteil der Kohle erklären würde.

3.2. Steinbruch Schmalwassergrund, Tambach – Dietharz

In diesen ehemaligen Steinbruch wurde das Material für den Talsperrenbau in Tambach-Dietharz gewonnen. Es sind hier Gesteine des Unterrotliegenden (Oberhof Formation) aufgeschlossen. Aus der Ferne kann man den bankigen Aufbau erkennen, wobei die Einzelbänke nur wenige Dekameter weit verfolgbar sind. Es handelt sich hier um Vulkanite, die als verschiedene Varietäten von Rhyolith vorliegen.

Abbildung 6: Skizze- Teilausschnitt des Steinbruchs

Die erste Varietät hat ein porphyrisches Gefüge. Hypidiomorphe Kalifeldspäte und Quarze sind von einer hypokristallinen Matrix umgeben. Vereinzelt tritt auch Biotit auf. Die Kalifeldspäte sind 5-25cm groß und sind rosa gefärbt. Zum Teil sind Einschlüsse von Hornblende oder durch Alteration weiße Kerne der Kali-Feldspäte zu sehen. Die Matrix war ursprünglich Glas und ist nachträglich rekristallisiert. Die zweite Varietät ist der ersten ähnlich jedoch deutlich feinkörniger. Biotit ist häufiger zu sehen und vermutlich ist Plagioklas mit enthalten. Die dritte Gesteinsvariante weist grünliche Nuancen auf. Der Rhyolith ist stark alteriert. Die Kalifeldspäte sind korrodiert, d.h. ihr Kern ist häufig weggelöst. Diese Alteration kommt durch Fluide zustande, die direkt nach dem Ausbruch das Gestein durchdringen. Sie entstammen entweder aus der Magmakammer selbst oder im Falle von Lavaströmen aus unterlagernden feuchten Sedimenten.

Der Rhyolith-Vulkanismus ist aufgrund der hohen Viskosität der Schmelze dem hohen Gasgehalt für seine Explosivität bekannt. Deswegen entstanden auch hier viele Tuffhorizonte, die aber zumeist als verschweißte und unverschweißte Ignimbrite vorliegen. Durch die hohen Temperaturen werden die durch die Luft geschleuderten Bimse (gasreiche Glaslapilli) und Aschen beim Aufschlagen miteinander verbacken.

3.3. Marderbachgrund, Tambach – Dietharz

Circa 500m nördlich des vorherigen Aufschlusses befindet sich der Eingang in den Marderbachgrund, einer ca. 1km langen Schlucht. Die steilen Felswände werden durch das sog. Tambacher Konglomerat gebildet, welches im Oberrotliegenden abgelagert wurde.

Dieses Konglomerat ist monomikt, d.h. es besteht nur aus einer Gesteinskomponente, dem im Aufschluss 3.2. beschriebenen Rhyolith. In der meist stark verfestigten Schichtenfolge herrschen grobe Konglomerate mit Geröllen von meist 10-20cm,

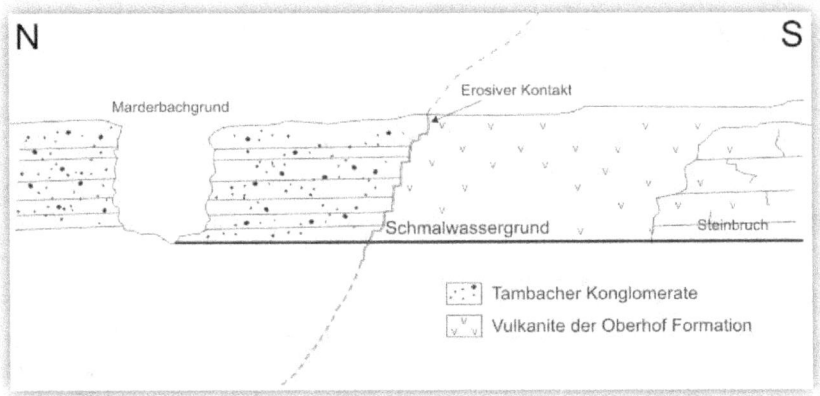

Abbildung 7: Profil Schmalwassergrund, Bildausschnitt ca. 600m

maximal 100cm vor. Die meisten Gerölle sind gut gerundet, zum Teil treten auch kantige auf. Aus dem Gefüge lassen sich auch die unterschiedlichen Transportmodi ableiten. Konglomeratische Schichten, die Geröllgestützt sind, wurden fluvial transportiert.

Matrixgestützte Einheiten sind gravitativ in Form von Schlammströmen/ Muren bewegt worden.

Die Vulkanite aus dem Unterrotliegenden, wurden im Oberrotliegenden erodiert und in das sich tektonisch schüsselförmig einsenkende Tambacher Becken verfrachtet. Dabei bildeten sich Schuttkegel und Alluviale Fächer aus. Die Korngröße der Schichten lässt die relative Nähe zum Liefergebiet erkennen. Tatsächlich gibt es im Schmalwassergrund einen scharfen erosiven Kontakt zwischen Vulkaniten der Oberhof Formation und den Tambacher Konglomeraten. Daraus lässt sich erschließen, dass der Marderbachgrund sich in einem Paläocanyon befindet, der direkt mit den Abtragungsmassen der Vulkankomplexe gefüllt wurde (Abb.7).

3.4. Steinbruch Lucy, Tambach – Dietharz

Der sich noch im Abbau befindende Steinbruch liegt nördlich der Ortschaft Tambach – Dietharz. Hier sind rot-braune Sandsteine aufgeschlossen, die mit Tonsteinzwischenlagen wechsellagern. Die Schichten liegen horizontal. Der Sandstein bildet Bänke im Dezimeter bis Meter Bereich. Er ist feinkörnig z.T. mittelkörnig und sehr gut sortiert. Die gut gerundeten Körner bestehen aus Quarz, Lithoklasten der Rhyolithe und Hellglimmer. Die Zementierung besteht aus Quarz und Hämatit, der dem Sandstein die Farbe verleiht. Aufgrund der guten Sortierung ist keine Internstruktur in den Bänken zu erkennen.

Diese Wechsellagerung stellt wahrscheinlich einen Rinnenkomplex des Zopfstromsystems dar, das aus den umliegenden Höhenzügen der Vulkanbauten ins Tambacher Becken mündete. Die Tonsteinlagen sind Sedimente von Überflutungsereignissen bei denen der Fluss über die Ufer trat. In diesen Horizonten sind Inversformen fossiler Trockenrisse und Saurierfährten erhalten. Ebenso wurden Fossilfunde verschiedener Reptilien und Pflanzen gemacht, die im Gothaer Museum der Natur ausgestellt werden.

3.5. „Teufelsstein" am hinteren Feldstein bei Themar

Der „Teufelsstein" stellt einen der nördlichsten Ausläufer der Heldburger Gangschaar dar. Von den Gängen ausgehend bildeten sich vereinzelt Vulkanschlote aus, die den Muschelkalk durchstoßen haben und eruptierten. Jedoch sind von den ehemaligen Vulkanen nur noch die Wurzeln, die Schlote, erhalten, so wie beim „Teufelsstein".

Das hier anstehende Gestein ist Basalt, dessen Quelle im Mantel liegt. Der beste Beweis dafür sind mitgerissen Xenolithe aus Peridotit (Olivinknollen). Er enthält aber auch Nebengsteinsfragmente aus Buntsandstein, Muschelkalk und Keuper. Das besondere an Basalt sind seine Abkühlungsstrukturen. Er bildet senkrecht zur Abkühlungsfläche Säulen aus, die mit zunehmender Abkühlungsgeschwindigkeit dünner werden. In dem Vulkanschlot des „Teufelsstein" ist eine sehr deutliche Palmenform oder Meilerstellung ausgebildet, die dadurch entsteht, dass der Schlot nach innen und unten hin heißer wird.

Die Zusammensetzung des Basaltes ist mafisch. Er besteht hauptsächlich aus Pyroxenen und Plagioklas aber auch aus Olivin und noch nicht rekristallisiertem Glas.

4. Dritter Tag: Thüringer Senke und Kyffhäuser

„Als Thüringer Becken (Anm. d. Verfassers: besser Mulde; Der Begriff Becken ist irreführend, da es sich um eine tektonische Mulde handelt und nicht um ein Becken im sedimentologischen Sinne.) bezeichnet man eine NW-SO-gestreckte flache, schüsselförmige Einmuldung von Zechstein und Triasschichten zwischen den herausgehobenen Horsten des Thüringer Waldes im Süden und der Hermundurischen Scholle im Norden. Das Thüringer Becken wird deshalb im Südwesten von der Nordostrandstörung des Thüringer Waldes und im Nordosten von der Finnestörung begrenzt, zwei großen Verwerfungszonen von je etwa 90km Länge und maximal mehreren hundert Metern Verwurfshöhe." (WAGENBRETH/ STEINER 1990) Im Norden zwischen Thüringer Mulde und Harz ragt der Kyffhäuser als Pultscholle empor.

4.1. „bad lands" an der Wachsenburg

Abbildung 5: Aufschluss des Steinmergelkeupers

Der Aufschluss befindet sich unterhalb, etwa 250m westlich der Wachsenburg. Der hier aufgeschlossene Steinmergelkeuper zeichnet sich durch die Wechsellagerung von roten und grau-grünen Tonen aus. Es treten immer wieder Horizonte mit Karbonatkonkretionen auf. Die Tone sind karbonathaltig und durch Bodenbildungsprozesse überprägt. An der oberen Geländekante tritt eine Sandsteinbank hervor. Diese Schichten stellen die Ablagerungen einer Tonebene dar. Unter semiariden Klima wurde durch die Evaporation Kalk aus aufsteigenden Porenwässern angereichert. Bei längerem Anhalten dieser Bedingungen konnten bis zu wenigen Dezimeter mächtige Karbonathorizonte entstehen. Zumeist reichte die Zeit aber nicht aus um vollständige Horizonte auszubilden, es entstanden knollige Kalkkonkretionen, sog. Calichen. Die wechselnde Durchfeuchtung wird durch die Tonfarben deutlich. In trockneren Zeiten entstanden rote Tone, unter etwas feuchteren Bedingungen Grüne. Das Verwittern der Tone zu Krümeln in Grobsand- bis Feinkies-Korngrößen ist auf das ständige Quellen und Schrumpfen bei wechselnder Feuchtigkeit zurück zu führen. Die Wasserzufuhr in die riesige Tonebene des Steinmergelkeupers erfolgte über flache Kanäle. Der oben genannte Sandstein stellt eine solche Rinne dar. Er weist Schrägschichtung und Laminierung auf und hat eine ebene Basis. Neben den mittelkörnigen Komponenten aus Quarz und Kali-Feldspat treten auch Tongeröll auf, die auf eine Aufarbeitung der unterlagernden Schichten hindeutet. Die Sortierung ist gut. Schwarze Bereiche entstehen durch die enthaltenen Pflanzenhecksel. Da auch häufig Schuppen des Fisches *Semionotus* gefunden werden, wird diese Einheit als Semionotus-Sandstein bezeichnet.

4.2. Oberkirche, Bad Frankenhausen

Abbildung 9: Oberkirche Bad Frankenhausen

Bad Frankenhausen liegt am südlich Fuße des Kyffhäusers. Oberkarbonische Schichten tauchen hier flach in den Untergrund ein und bilden so den flachen Südhang des Kyffhäusers. Über diese Abfolge legt sich der Zechstein, dessen Gipse weiße Felsen in der Umgebung bilden.

Die 1382 erbaute Oberkirche wurde auf den Zechsteingips gegründet. Durch Subrosion/ Verkarstungserscheinungen treten häufig Erdfälle und Senken in diesem Gebiet auf. Gleiches gilt auch für den Untergrund der Oberkirche. Ein Erdfall in der Nähe des Turmes lässt ihn kontinuierlich um ca. 1cm/a Richtung Erdfall kippen. Ursprünglich romanisch errichtet wurde 1762, versucht der Neigung optisch entgegenzuwirken, indem der neue barocke Turmknopf bautechnisch schief gestellt wurde. Da die finanziellen Mittel für eine Untergrundverfestigung zunächst nicht verfügbar waren, erneuerte und verbrachte man neue Innen- und Außenringanker um den Turm als Gesamtkörper zu sichern. Durch die im November 2006 eingetroffene Fördermittelzusage von einer Million Euro kann nicht nur die zweite noch erforderliche Armierung finanziert werden, es kann auch mit der Untergrundverfestigung begonnen werden (Förderverein Oberkirche Bad Frankenhausen e.V.).

4.3. Streuobstweg, Bad Frankenhausen

Auf dem Streuobstweg ca. 200m SSE des Panoramamuseums tritt Gips an die Oberfläche. Es handelt sich um den Staßfurtgips des zweiten Zechsteinzyklus. Er ist grobkristallin und enthält häufig Gipsrosetten und –tafeln. Sekundär gebildet fiel er in Subrosionshöhlen aus NaCl- und $CaSO_4$-übersättigten Lösungen aus. Große Kristalle in einer feinkörnigen Matrix aus primärem Gips sind typisch für Sekundärbildungen. Primäre feinkörnige Gipse werden im supra- oder intertidalem Bereich gebildet.

4.4. Kleines Kalktal, Bad Frankenhausen

Dieser Taleinschnitt verläuft ENE – WSW, ca. 200m SSW des Panoramamuseums. Aufgeschlossen ist der untere Teil der Staßfurt Folge, der Stinkschiefer und Stinkkalk. Der Stinkkalk bildet dickere Bänke, die auch dunkelbraune Laminen enthalten. Er ist sehr feinkörnig. Aufgrund einer Laminierung kann man auf Stillwasserbedingungen unterhalb der Sturmwellenbasis schließen. So wie der Stinkschiefer weist auch der Stinkkalk einen bituminösen Geruch auf. Der Stinkschiefer ist ein laminierter schwarzer Mergel. Er hat einen C_{org}-Gehalt von mehr als 10%. Weiter bergab ist eine Wechsellagerung von hellen und dunklen Gipslagen zu sehen. Sie stellen Jahreslagen oder Warven von im Becken abgelagerten primären Gipsen dar. In dieser Wechsellagerung treten Alabasterknollen auf. Sie sind ein frühdiagenetisches Produkt der Sammelkristallisation.

4.5. Kyffhäuser

„Nördlich von Bad Frankenhausen ragt, an einer großen Verwerfung etwa 1000 m hoch herausgehoben, der Kyffhäuser etwa 170 m über der Goldenen Aue empor. Granite und metamorphes Grundgebirge bilden am Nordfuß seinen Sockel, rote oberkarbonische Konglomerate und Sandsteine (500 bis 600 m mächtig) seine Höhen, so z. B. rings um das Kyffhäuserdenkmal selbst gut zu sehen. Die kräftig roten Gesteine wurden auch als Baumaterial für das Denkmal und die dortigen mittelalterlichen Burgen verwendet." (WAGENBRETH/ STEINER 1990)

4.5.1. Unterhalb der Burg Kyffhausen

An dieser Felswand sind die rotgefärbten Sandsteine mit Konglomeratlagen aufgeschlossen. Sie zeigen einen relativ einheitlichen Aufbau mit einer Mächtigkeit von ca. 600m. Ihre Abfolge stellt einen Teil der Ablagerungen der im Oberkarbon existierenden Saale-Senke dar.

4.5.2. Unterburg Kyffhausen

Abbildung 6: Burgmauer der Unterburg Kyffhausen

Das für den Burgbau verwendete Gestein ist der im vorherigen Aufschluss erwähnte Sandstein mit Konglomeratlagen. Er weist eine schlechte Sortierung und eine schlechte Rundung der Körner auf. Die Konglomeratlagen entsprechen eher einem Feinkonglomerat mit Mittel- bis Grobkies-Geröllen. Diese Gerölle bestehen hauptsächlich aus Quarz. Es treten aber auch Schiefer, Granit und Gneis auf. Diese Zusammensetzung und die schlechte Rundung lassen auf den kurzen Transportweg vom Liefergebiet, der Mitteldeutschen Kristallinzone (weniger als 10km entfernt) schließen. Die Zementierung besteht aus Quarz und Hämatit. Als interessante Verwitterungsstruktur lässt sich die einsetzende Wabenverwitterung des Sandsteines im oberen Teil der Burgmauer erkennen (Abb.10).

4.5.3. Steinbruch zwischen Unter- u. Oberburg

Abbildung 7: Verkieselter Baumstamm im Sandstein

In diesem alten Steinbruch ist der Sandstein in dickbankiger Form vertreten. Er wird intern durch Konglomeratlagen gegliedert. Die Entstehung erfolgte in dem hochenergetischen System eines Zopfstroms. An der Basis einer Fließrinne ist ein verkieselter Baumstamm erhalten, ein sog. *Dadoxylon* (Abb.11). Von der Struktur des Holzes würde man es am ehesten den Cordaiten zuordnen. Um einen solchen Stamm erhalten zu können, muss dieser relativ früh verkieselt werden um der Zersetzung zuvor zu kommen. Dafür würden heiße SiO_2-reiche Quellen in Frage kommen. Der plattgedrückte Querschnitt kommt durch die Kompaktion während der Diagenese zustande.

5. Vierter Tag: Harz

„Der Harz ist ein SO-NW-gestrecktes Horstgebirge mit landschaftlich markantem Nordrand und weniger auffälligem Südrand. Gegenüber seinem nördlichen Vorland ist der Harz um mehr als 2000 m emporgehoben [...]. Die Abtragung hat auf dem Harz das Grundgebirge mit Gesteinen des Ordoviziums bis Unteren Perms freigelegt [...]. Aus Gestein und Landschaftsform des Harzes ist eine komplizierte Entstehungsgeschichte abzuleiten." (WAGENBRETH/ STEINER 1990)

Als Teil des variszischen Orogens weist der Harz zumindest im Westteil eine entsprechende Internstruktur auf. Der Ostharz ist komplizierter und unterschiedlich aufgebaut.

5.1. Gasthaus Königsruhe im Bodetal

Folgt man von Thale aus dem Bodetal flussaufwärts so bewegt man sich durch den Ramberg-Granit. Seit der Bildung im Oberkarbon wurden ca. 10km Gestein erodiert um diesen Pluton freizulegen. Im Norden durch eine dem Harznordrand parallel verlaufende Störung abgeschnitten, taucht er nach Süden hin relativ flach ab.

Der Granit tritt in einer grobkörnigen und einer feinkörnigeren Variante auf. Er ist richtungslos-körnig und holokristallin. Der Hauptbestandteil ist Kalifeldspat, der hypidiomorph ausgebildet ist und eine gelbliche Farbe hat. Der Biotit hat eine idiomorphe Form. Entsprechend der Kristallisationsreihenfolge von N.L. Bowen füllt der Quarz xenomorph die verbliebenen Hohlräume aus. Durch die Klüftung des Granits und der aktiven Verwitterung (im wesentlichen Frostsprengung) bilden sich im Bodetal Blockhalden.

5.2. Bodekessel im Bodetal

Abbildung 8: Der Bodekessel

Im weiteren Verlauf des Tales passiert man den Bodekessel. Er stellt die schmalste Stelle im Flusslauf der Bode dar. An der in Abb. 12 abgebildeten Felswand sind die Erosionsspuren des fließenden Wassers zu erkennen. Die rundlichen Einbeulungen im Felsen sind Teile von sog. Strudeltöpfen. Durch das turbulent fließende Wasser und dem mitgeführtem Geröll werden bei der Entstehung von Strudeln z.T. kreisrunde Vertiefungen durch die kreiselnden Gerölle ausgeschliffen. Ebenso sieht man Ansätze der Wollsackverwitterung durch die Klüftung im Granit.

5.3. Kontaktzone Ramberg-Granit zu Wissensbacher Schiefer

Abbildung 9: Kontaktzone des Ramberg-Granit

Hält man sich auf der Südseite des Bodetals so folgt man im weiteren Verlauf einen Weg der auf der Prallhangseite, der sich seit dem Tertiär erhaltenen Mäander, nach oben führt. Auf ungefähr halber Höhe des Aufstieges passiert man die Kontaktzone des Ramberg-Granits und seinen Umgebungsgesteins. Der mitteldevonische Wissenbacher Schiefer wurde konaktmetamorph überprägt, d.h. aufgrund der relativ geringen Tiefe des Schiefers war der Druck niedrig, die Temperatur durch den eindringenden Pluton hingegen hoch. Es bildete sich ein Hornfels der die alte Foliation noch erkennen lässt. Er ist schwarz und splittert sehr dünnblättrig. Dieses feinkörnige Gemisch aus Amphibol, Quarz und Biotit ist sehr fest. Im Nahbereich der Kontaktzone (wenige Meter) wurde der Hornfels zusätzlich noch verkieselt. In der Spätphase der Granitintrusion haben die verbleibenden Restlösungen hydrothermale Gänge in zwei Generationen gebildet. In der ersten Generation wurden Pegmatite gebildet, die hauptsächlich aus Quarz und Feldspat bestehen. In der zweiten Phase bildeten sich z.T. in den Gängen der ersten Phase hydrothermale Quarzgänge aus. Häufig führen solche Gänge auch Vererzungen.

Wendet man den Blick Richtung Rosstrappe so lässt sich die Kontaktzone am gegenüberliegenden Berg verfolgen (Abb.13).

5.4. Felsen an der Rosstrappe

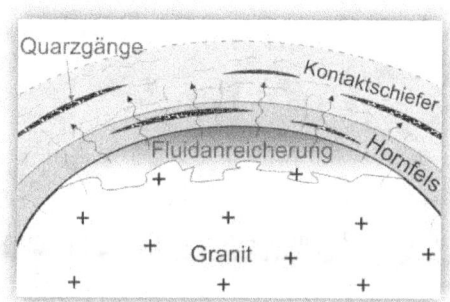

Abbildung 10: Gangbildung in der Spätphase eines Plutons

Dieser Aufschluss befindet sich an dem Weg ca. 50m vor der Roßtrappe. Hier ist ein weiterer subhorizontaler Quarz-Gang aufgeschlossen. Im Umfeld der Roßtrappe sind diese häufiger zu sehen. Das liegt daran, dass sich in diesem Bereich das Plutondach befindet. Während der Abkühlung des Intrusivkörpers nimmt sein Volumen ab. Je nach Größe kann dies 5 bis 10 Mio. Jahre dauern. Die einsetzende Zerklüftung des Gesteins verläuft parallel bzw. senkrecht zur Kontaktfläche des Plutons zum Nebengestein. Durch die zunehmende Auskristallisierung und Abnahme der Temperatur der Schmelze entmischen sich die Fluide und reichern sich an. Der dadurch ansteigende Dampfdruck führt zur Migration der Fluide, welche dann die kontaktflächenparallelen Klüfte öffnen und zur Auskristallisation hydrothermaler Gänge führen. Es kann auch zur Bildung sog. Stockscheider kommen. Das ist eine pegmatitische Gangfüllung, die wie eine Kappe am Plutondach gebildet wird. Würde der Dampfdruck der Fluide größer werden als der Lithostatische Druck so würden die Restlösungen der Plutonbildung zu Tage treten.

5.5. Weganschnitt zwischen Rosstrappe und Parkplatz

Das anstehende Gestein ist relativ dunkel mit einer grünlichen Färbung. Die überwiegend dunkeln Minerale sind hauptsächlich Amphibole z.T. treten sehr kleine Minerale mit Metallglanz auf, Magnetit und Illmenit. Die hellen Minerale sind Plagioklas. In Spuren tritt auch Olivin auf. Das Gefüge ist richtungslos-feinkörnig. Es handelt sich von der Zusammensetzung her um einen Gabbro. Aufgrund seiner feinen Textur wird er als Mikrogabbro bezeichnet. Er ist als Gang oder Lavaströme in den Wissenbacher Schiefer eingebettet und kennzeichnet den durch Dehnung hervorgerufenen basischen Vulkanismus am passiven Kontinentalrand Laurussias im Mitteldevon.

5.6. Bodetal bei Treseburg

Der Aufschluss befindet sich am Wanderweg nach Thale am Ufer der Bode. Hier sind Bruchstücke von Diabas in einer Tonmatrix aufgeschlossen. Die Bruchstücke haben eine Größe von einigen Dezimetern bis hin zu ca. 7m im Querschnitt. Die interne Struktur sieht chaotisch aus. Die Erklärung für solch ein Gefüge wird auf großräumige Rutschungen zurück geführt. Man nennt dieses Gesteinsgemenge auch Olisthostrom.

Ursprünglich konkordant abgelagerte Schichten am Schelfhang aus dem Devon sind durch Hebungsprozesse im Unterkarbon vor ca. 330 – 320 Mio. Jahren ins Gleiten gekommen. Es bildete sich ein submariner Schlammstrom bei dem das ursprüngliche Schichtgefüge zerstört und in größere und kleine Bruchstücke zerlegt wurde (Abb.15). Nachträglich wurde dieser

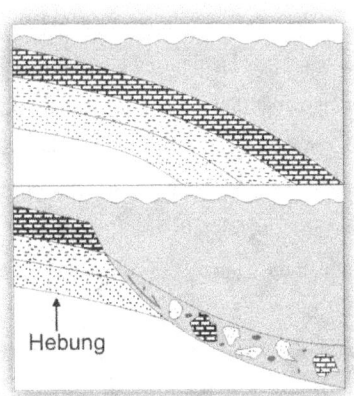

Abbildung 11: Entstehung eines Olisthostroms

Olisthostrom noch steilgestellt und durch Kompression die Tonmatrix geschiefert. Große Teile des Mittel- und Unterharzes werden aus solchen Rutschmassen aufgebaut.

5.7. Steinbruch Garkenholz, B27 zwischen Hüttenrode u. Rübeland

Dieser ehemalige Steinbruch liegt im Elbingerröder Komplex. Im Devon existierte hier ein submariner Vulkan, der „Braune Sumpf"-Vulkan. Durch zahlreiche Eruptionen wuchs sein Vulkanbau so nah an die Meeresoberfläche, dass sich Riffe bilden konnten. Die dabei wichtigsten Riffbildner waren Stromatoporen und rugose Korallen die noch als Fossilien gefunden werden können.

Hier im Steinbruch ist Kalkstein aufgeschlossen. Er stellt den Schutt des ehemaligen Riffes dar. Das Riff selbst bzw. der Vulkan wurden größtenteils erodiert. Zu den typischen Erscheinungen des Karstes im devonischen Massenkalk gehören neben Höhlen (z.B. Baumannshöhle oder Hermannshöhle) auch Lösungsdolinen, die, wie im Steinbruch Garkenholz, mit gelbbraunem Lehm gefüllt sind. Dieser Lehm enthält neben Pollen und Acritarchen aus dem Tertiär (Oligozän) auch Algen und Plankton. Daraus folgt, dass der Harz im Oligozän im Zuge der Rupeltransgression vom Meer bedeckt war. Seit dem hat er sich um ca. 200m gehoben.

5.8. Straßenaufschluss bei Neuwerk

Dieser Straßenanschnitt in Kreuztal bei Neuwerk zeigt Gesteine der Hüttenröder Mulde. Dies sind tiefmarine Sedimente des Oberkarbons, die den Elbingerröder Komplex und seine Umgebung mit 600m mächtigen Ablagerungen verhüllten. Die hier anstehenden Tonschiefer sind z.T. verkieselt und wechsellagern mit Grauwacken, die Turbedite darstellen. Das sind submarine Trübeströme des Schelfhanges. Sie zeichnen sich durch eine Gradierung aus. Nach dem Auslösen durch z.B. ein Erdbeben findet eine Korngrößenfraktionierung statt, die bei der Ablagerung sichtbar wird. Es bildet sich im Idealfall eine Bouma-Abfolge aus. Diese Wechsellagerung wurde nachträglich tektonisch verformt und nordvergent überkippt.

5.9. Der Krockstein bei Neuwerk

Auf dem östlich der Ortschaft Kreuztal bei Neuwerk befindlichem Berg ist ein alter Steinbruch zu finden. Es stehen bunte devonische Kalke an, die eine breite Farbpalette von grün über gelb und rot aufweist. Ähnlich wie im Aufschluss 5.7. ist hier die Vorriffbreccie des ehemaligen Riffes aufgeschlossen, jedoch im tieferen Anschnitt an der Flanke des Riffes. Sie ist sehr fossilreich. Zu finden sind z.b. Korallen, Crinoiden und Nautiliden. Der Riffschutt ist in eine rote Matrix eingebettet. Die Verfärbung hängt mit dem Vulkan zusammen auf dem das Riff aufsaß. Aus diesem drangen eisenhaltige Lösungen in den Riffkörper und -schutt ein und führten zu Vererzungen. So bildeten sich im Elbingerröder Komplex z.T. auch silikatische und kalkige Roteisenlager mit etwa 25% Eisen und 10 – 15m Mächtigkeit.

5.10. Volkmarskeller bei Blankenburg (Harz)

Volkmarskeller ist eine Höhle zwischen der Försterei Eggeröder Brunnen und der Ortschaft Michaelstein/ Blankenburg. Sie befindet sich von der Försterei Eggeröder Brunnen ungefähr 1km ENE Richtung Michaelstein. Um diese Höhle herum sind mehrere Gesteinstypen aufgeschlossen.

Die Höhle Volkmarskeller wurde durch die Aktivität des fließenden Wassers gebildet. Der naheliegende Fluss präparierte diese Aushöhlungen aus dem anstehenden Kalkstein, der den groben Schuttkalk der Vorriffbreccie darstellt. Bewegt man sich von da aus über den Berg ca. 100m nach SE gelangt man zum nächsten Aufschluss. Der hier auftretende rot – grüne Kalkschlamm hat einen knolligen Charakter. Dies entsteht an Hängen mit biologischer Aktivität. In dem bioturbatem Substrat bilden sich Konkretionen, die das knollige aussehen hervorrufen. Es treten auch Bänke mit Seelilien auf, die sich bevorzugt an Hängen ansiedeln. Insgesamt ist das Niveau hier tiefer als im vorherigen Aufschluss. Folgt man den bergabführenden Weg nach Süden so passiert man den Kontakt zwischen Vulkaniten und Kalken. Unterhalb des vorherigen Aufschluss findet man eine Breccie vor. Sie besteht aus Eisenoxidkörnchen, die von einem weißen Karbonatischen Zement umschlossen sind. Darunter folgt das sog. Scheckenerz. Das sind Bruchstücke aus Eisenoxid in einer karbonatischen Matrix. Dies ist der Übergang zwischen dem Diabas/ Tuff und dem kalkigen Riffschutt. An dem hat sich sedimentäres Eisen gebildet, d.h. die Vulkanite am Meeresboden wurden vom Meerwasser durchströmt. Durch die Reaktion mit diesem wandelten sich die enthalten Minerale, wie z.B. Pyroxen und Amphibol zu den wasserhaltigen Aktinolith oder Chlorit um. Bei diesem Vorgang wird Eisen freigesetzt und geht in Lösung. Durch heiße Quellen (white smoker oder black smoker) gelangen diese Lösungen wieder ins Meerwasser wobei das gelöste Eisen mit dem verfügbaren Sauerstoff des Wassers reagiert und in Form von Eisenoxiden, z.B. Hämatit, ausfällt. So können sich abbauwürdige Eisenerzlagerstätten bilden, die wie hier auch abgebaut wurden.

Unterhalb dieser Eisenerzschicht ist ein roter Tuff anzutreffen. Er hat ein sog. Mandelsteingefüge. Die Hohlräume des blasigen Gefüges sind mit Calcit gefüllt. Im darunter folgenden Diabas sind die Blasen durch Plagioklas oder Apatit gefüllt.

5.11. Felsklippen unterhalb Volkmarskeller

Abbildung 16: Aschelagen mit Kalkknollen

Am Waldweg unterhalb Volkmarskeller sind Felsklippen aufgeschlossen. An diesen sind fein- und grobkörnige Aschelagen zu sehen die in einer laminierten Abfolge miteinander wechsellagern. Sie repräsentieren die effusive Phase des Vulkans im Mitteldevon. Damit solche Abfolgen entstehen können, muss der Vulkan bis an die Meeresoberfläche vorgedrungen sein, denn nur dann können die Eruptionen subaerisch Aschewolken erzeugen, die so die Asche weitflächig verteilen. Durch das niederrieseln gelangte die Asche wieder zurück ins Meer wo sie untermeerisch abgelagert wurde. Die im Bild 16 dargestellten Kalkknollen sind ein Produkt der Diagenese. Durch die Reaktion mit dem Meerwasser vergrünten diese Ablagerungen und wurden aufgrund von SiO_2-Freisetzung verkieselt.

6. Fünfter Tag: Harzvorland

„Ein Blick von Norden auf den Harzrand zeigt deutlich, dass dieses Gebirge gegenüber seinem Vorland an der Nordrandstörung hoch emporgehoben ist. Dieser Vorgang war kein einmaliger Akt, sondern an dem Alter, der Verbreitung und der Lagerung der Gesteine nördlich des Harzes kann man die Abfolge und Intensität mehrerer Hebungsakte analysieren. [...]

Die emporsteigende Harzscholle schleppte die Schichten des Buntsandsteins, Muschelkalks und Keupers sowie der Kreide bis einschließlich Heidelbergsandstein mit und richtete sie steil auf. Spätere Abtragung modellierte am nördlichen Harzrand zwischen Wernigerode und Heimburg die Muschelkalkhöhenrücken und aus dem Heidelbergsandstein bei Thale– Blankenburg die Teufelsmauer heraus." (WAGENBRETH/ STEINER 1990)

6.1. Bahneinschnitt Thale

Die ehemalige Bahnstrecke nach Blankenburg legt am nordwestlichen Rand von Thale den unteren Bundsandstein frei. Er besteht hier aus einer Wechsellagerung von Tonstein, Schluffstein und Feinsandstein. Vereinzelt treten Bänke aus oolithischen Kalken auf. Die Schichten sind steilgestellt. Der Feinsandstein ist laminiert, grau und sehr gut sortiert. Er besteht aus Quarz enthält aber auch Hämatit und Glimmer. Der Zement ist calcitisch. An den Schichtunterflächen sind Abdrücke von Trockenrissen und Oszillationsrippeln zu sehen. Er ist intern z.T. rippel-geschichtet. Der Tonstein weist ebenfalls eine Laminierung auf und ist rotbraun. Die oolithischen Kalke sind weiß-grau und die enthaltenen Ooide sind bis zu 2mm groß.

Abbildung 17: Bahneinschnitt Thale

www.ingramcontent.com/pod-product-compliance
Lightning Source LLC
Chambersburg PA
CBHW050034230526
45470CB00003B/1267

7. Literatur

- Homepage des Förderverein Oberkirche Bad Frankenhausen e.V. http://www.oberkirchturm.de/index.html
- Stanley, Steven M. : Historische Geologie : Heidelberg; Berlin; Oxford: Spektrum, Akad. Verl., 1994
- Wagenbreth, O.; Steiner, W.: Geologische Streifzüge: Leipzig: Dt. Verl. Für Grundstoffindustrie, 1990
- Walter Bau – AG: http://www.bau.htw-dresden.de/wasserwesen/Exkursionen/ 2001/Pumpspeicherwerk_ Goldisthal.doc
- Wikipedia: http://de.wikipedia.org/wiki/Pumpspeicherwerk_Goldisthal

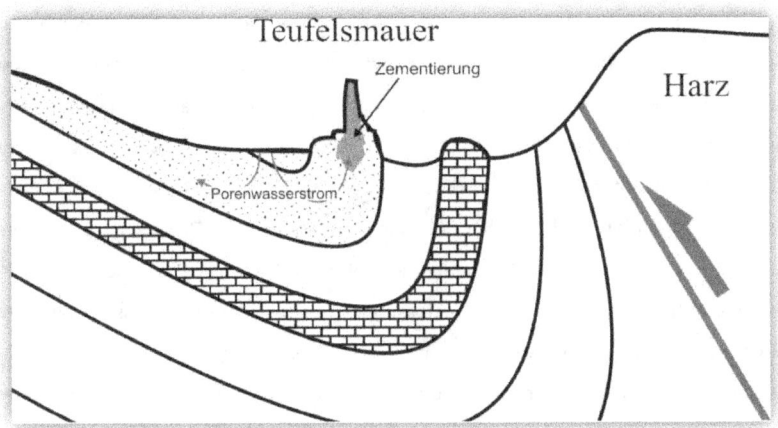

Abbildung 13: Teufelsmauer bei Weddersleben

mit SiO_2 an. Beim Aufstieg des Porenwassers entstand dann der Quarzzement in Oberflächennähe (Abb.20). Die schwarzen Verwitterungsfarben entstehen durch die organischen Überreste von Algen- oder Flechtenbewuchs.

Ammoniten. Diese steilaufgestellten Schichten werden diskordant von kreidezeitlichen Sedimenten überlagert. Im Muschelkalk sind an der Diskordanzfläche Anbohrungen zu sehen, d.h. diese Erosionsfläche war zeitweilig ein Meeresboden. Die Kreideschichten aus dem Campan/ Blankenburg-Schichten bestehen aus gelbbraunen sandig - kalkigen Schluffsteinen mit einer konglomeratischen Kalksandsteinlage. Die Schluffsteine sind schwach zementiert und bestehen aus feinen Quarzkörnern. Diese sind gut gerundet und gut sortiert. Diese Sedimente enthalten Pflanzenhäcksel, Belemniten und Seeigelstacheln (*Cidaris*). Die konglomeratische Lage besteht aus einer gelben Grundmasse mit Karbonatgeröllen bis 5cm Größe. Sie ist fest zementiert. Im Zusammenhang mit der Harzhebung und –aufschiebung wurden durch eine Störung die Kreideschichten nachträglich deformiert.

Als Typuslokalität für die Wernigeröder Phase hat dieser Aufschluss besondere Bedeutung, da sich die zeitliche Entwicklung der subherzynen Gebirgsbewegung in der jüngeren Kreidezeit feststellen lässt.

6.4. Teufelsmauer bei Weddersleben

Dieses Naturdenkmal zwischen Weddersleben und Neinstedt befindet sich im ältesten Naturschutzgebiet Deutschlands. Hier ist ebenfalls der Sandstein der Heidelberg Formation aufgeschlossen. Durch die subherzyne Gebirgsbildung wurden auch hier die Schichten steilgestellt. Aufgrund der Verwitterungsresistenz wurde der Sandstein als senkrechte Mauer heraus präpariert. Es treten zwei Variationen des Sandsteines auf. Die erste mittelkörnige Variante besteht überwiegend aus Quarz enthält aber auch das Schwermineral Magnetit. Die Körner sind sehr gut gerundet, nur schwach quarzitisch zementiert. Die zweite Varietät besteht aus der gleichen Kornzusammensetzung ist aber wesentlich stärker durch Quarz zementiert sodass keine Porosität mehr vorhanden ist. Zusätzlich tritt fleckenartig eine Limonitzementgeneration auf durch unregelmäßige Infiltration. Diese starke Verkieselung bedingt die Resistenz gegen die Verwitterung. Die Ursache dafür ist auf den Porenwasserstrom zurück zu führen, der durch den geologischen Bau der Sedimentabfolge an der Teufelsmauer entstand. Infiltrierendes Oberflächenwasser erwärmte sich und reicherte sich beim Durchfließen des Sandsteins

Heidelberg Formation der Oberen Kreide. Das Schichteinfallen ist auch hier nahezu senkrecht. Auffällig sind die vielen Klüfte, die das Gestein durchziehen. Sie bilden ein konjugiertes Kluftsystem, d.h. Überschiebungen und Rücküberschiebungen schneiden sich bei einem Winkel von ungefähr 30° (Abb.19). Daraus lässt sich die Lage der Hauptspannungen rekonstruieren. Die Richtung der größten Hauptspannung deutet zum Harz, der die Ursache für die Bildung dieses Störungsgesteins (Kataklasit) ist. Die Klüfte werden von dem fein zerscherten Sand erfüllt. Die Körner wurden durch die Scherung zerrieben und mit einem Quarzzement wieder verkittet. Sie sind dadurch relativ verwitterungsresistent und werden aus dem Sandstein heraus präpariert. Im Zuge der Steilstellung der Schichten des Harzvorlandes wurde der Sandstein starken Spannungen ausgesetzt. Da er ein kompetentes Gestein ist und nicht plastisch reagiert, war die Verformung nur durch die Zerscherung und Ausbildung des konjugierten Kluftsystems möglich. Es treten noch weiter Klüfte auf, die nicht im Zusammenhang mit dem konjugierten System stehen. Sie verlaufen vertikal und senkrecht zu Harznordrandstörung. Durch den Schub des Harzes nach Norden wich das unter Spannung geratene Gestein seitlich aus, wodurch sich aufgrund der Dehnung Klüfte bildeten. Diese sind mit Limonit gefüllt, sog. „Eisenschwarten".

Abbildung 12: Kataklasit am Hannig mit konjugiertem Kluftsystem und „Eisenschwarten"

6.3.2. Straßenanschnitt Teufelsbachtal

Im unteren Teil des Aufschlusses sind graue plattige Kalksteine im Wechsel mit Mergel- und Tonlagen sichtbar. Sie wurden in der Trias abgelagert und stellen die Ceratitenschichten des oberen Muschelkalks dar. Häufige Fossilien sind Muscheln und

Die Oszillatiosrippeln und die oolithischen Kalke lassen auf eine flache Wasserbedeckung schließen, z.T. fiel dieses Gebiet auch trocken. Die Kalke bildeten sich in isolierten Flachwasserbereichen aus wandernden Ooidbarren. Ooide sind schalenförmig aufgebaute Kügelchen, die im Kalkschlamm durch oszillierende Wasserbewegung aufgebaut werden.

6.2. Ziegenberg bei Benzingerode

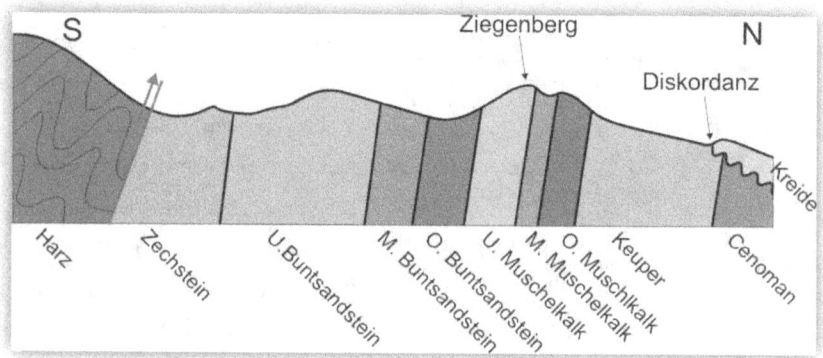

Abbildung 18: Schichtenabfolge des südlichen Harzvorlandes

Der Ziegenberg liegt östlich von Benzingerode. Von ihm aus hat man einen guten Überblick über der Schichtrippenlandschaft des Harzvorlandes. Durch die Erosion wurden die härteren steilgestellten Schichten heraus präpariert und bilden Höhenzüge, die parallel dem Harznordrand verlaufen. Diese Abfolge wird nördlich von Benzingerode diskordant von Kreidesedimenten überlagert.

6.3.1. Der Hannig zwischen Heimburg u. Michaelstein

Dieser natürliche Aufschluss liegt im Wald ca. 150m östlich der Straße. Zu sehen ist ein weiß – gelber Sandstein. Die Körner weisen eine gute Rundung auf. Die Sortierung wechselt zwischen den einzelnen Lagen, z.T. sind Feinkieslagen mit enthalten. Er besteht nahezu vollständig aus Quarz und ist nur locker zementiert. Im Santon/ Oberkreide vor ca. 85 Mio. Jahren wurde dieser Sandstein im marinen Milieu abgelagert. Er gehört zur